Maru的
經典童話羊毛氈

變身最可愛、最實用、最與眾不同的生活雜貨！

Maru／著　廖家威／攝影

作者序

Maru，是日語發音，「圓」的意思。來由是在日本求學期間，期望自己一切順利圓滿。慢慢地，作品風格也喜歡以「圓圓」的形式表現了。

說起接觸羊毛氈，應該是從藝術大學必修課開始的吧！只是當時，羊毛氈藝術鮮少有人深入鑽研並大力推廣，製作方式也以水洗濕氈為主，加上資訊和資源有限，作品比不上現今豐富多元。因此，大學畢業後雖仍在藝術領域裡工作，但與羊毛氈的互動就沒能繼續了。

從日本回國後，因緣際會之下，帶著不同的視野和思考模式又重新回到羊毛氈的專業領域，然而這次則是一頭栽進「針氈」的手作世界裡！

用羊毛說故事，用手作寫心情，用雜貨過生活……，是Maru的夢想也是堅持。羊毛氈，實現了Maru許多天馬行空的想像，也記錄著婚姻育兒生活中的點點滴滴。

因為女兒早產，過程中經歷了許多關於生命的喜怒哀樂和酸甜苦辣……。這本《Maru的經典童話羊毛氈》，等同重溫自己童年的回憶，也是Maru想用羊毛氈手作的方式留給女兒「小鴨子」的一份禮物。

在此，感謝一路上欣賞Maru手作的學生、朋友和家人的支持與鼓勵！希望這本小書，能讓大家享有幸福滿滿的手作時光。

Maru ♡

Contents

說說羊毛氈
About Wool Felt

羊毛氈是目前人類歷史記載中最古老的織品形式，歷史可追溯到至少西元前6500年。
大家熟知的「蒙古包」，就是羊毛氈的大型移動式成品。

羊毛是一種具變化性的自然素材。羊毛纖維質地柔軟但強韌，可以處理成任何顏色，
加上塑型容易，因此可以變化成各種造型及尺寸；透過加壓、搓揉、特殊工具等程序處理，
可使一根根細而彎曲的纖維相互糾結在一起，進而縮小、變硬或雕塑成各種造型，
這就是「氈化」的基本過程。

近年來，由於人們對生活品質風格化和獨特性的追求，歐美日本各地興起了一陣手作藝術的熱潮，
不同於工業生產下的大量和制式，純粹手感與自然素材的質感和價值，逐漸被各界廣泛接受。

台灣的羊毛氈手作，起步和流行相較國外來說較晚，
但在許多優秀手作家和教學團體紛紛加入推廣羊毛氈藝術的行列之後，
也慢慢成為適合療癒心情的最佳方式！

Maru期待有朝一日，在大家友善分享和共同努力下，
台灣的羊毛氈創作也能在纖維藝術史上留下嶄新絢爛的一頁。

MARU羊毛氈的世界

Step 1 素材與工具

WOOL 羊毛

馬卡龍系列羊毛
質感柔和細緻的短纖羊毛，
氈縮速度快，顏色選擇多，
作品不易毛燥是最大優點。

薄片系列羊毛
未經精梳過程，已
略微氈化成片狀的
極短纖羊毛，適合
針氈使用。

壓克力毛
為無毒環保纖
維素材，質感
蓬鬆有彈性，
不怕沾水，適
用於製作清潔
雜貨小物。

特殊毛（捲捲毛、貓、狗類等其他動物毛）
可加入作品局部使用，作為裝飾用。

黑色耐用型工作墊（高密度）

彈性佳較不易耗損，捲毛不易鬆脫，但容易產生黑屑。

MAT
工作墊

NEEDLE
戳針

白色加厚型工作墊
（珍珠棉）

表面平滑不易沾毛，但容易塌陷。（此兩種工作墊皆可用於平面與立體作品，可視個人習慣自由選擇。）

❶ **粗針** 作品初步塑型使用，也可兼用於整體修飾。

❷ **細針** 用於修飾作品表面毛燥或粗大孔洞。

❸ **星狀針** 比細針修飾效果更佳，下針阻力較小，也適用於異材質的結合。

TOOL 輔助工具

填充棉花
可作為填充使用。

雙面膠、保麗龍膠
❹－❺ 黏接複合媒材的配件或結合異材質等。

針線、尺、剪刀
❶-❸ 於附加配件或裝飾作品時使用。

不織布
製作平面毛氈畫時使用。

Hamanaka 日本製支撐架（骨架）
日本製特殊加工塑料，可彎曲成需要的造型。

珠針
連接作品時，可用來固定避免錯位。

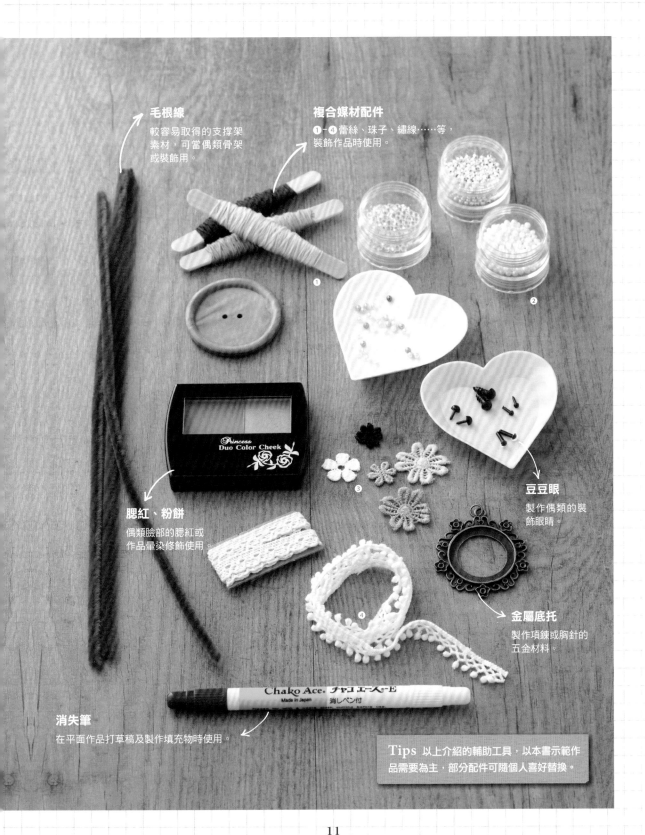

毛根線
較容易取得的支撐架
素材，可當偶類骨架
或裝飾用。

複合媒材配件
❶-❹蕾絲、珠子、繡線……等，
裝飾作品時使用。

豆豆眼
製作偶類的裝
飾眼睛。

金屬底托
製作項鍊或胸針的
五金材料。

腮紅、粉餅
偶類臉部的腮紅或
作品暈染修飾使用。

消失筆
在平面作品打草稿及製作填充物時使用。

Tips 以上介紹的輔助工具，以本書示範作
品需要為主，部分配件可隨個人喜好替換。

Step 2 基本流程

針氈的基本流程 初學者可按照下列程序，練習用針、訓練手感和各項塑型技法。

① 分量

選擇喜歡的毛，再用磅秤精細分量或是用雙手感覺分量，然後決定成型方式，再開始捲緊每一層，盡量捲緊可減少氈化前後大小的落差。

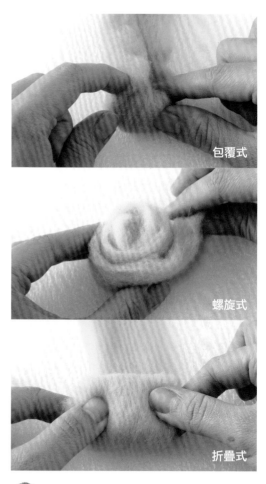

包覆式

螺旋式

折疊式

② 撕毛

以斷點為中心，雙手握住毛兩端各退10～15cm就可以撕開羊毛，如果撕不開可以把距離再拉大一點點。而短纖系列羊毛可輕鬆直接以手撕分毛，大家可以多練習幾次看看。

③ 捲毛

可以藉由包覆方式、螺旋方式或是折疊方式，把羊毛捲在一起，方便下針戳刺塑型。（請參考p17）

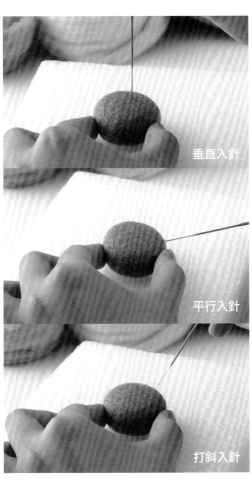

垂直入針

平行入針

打斜入針

⑤ 修飾

整體塑型完成後,最後就是修飾,利用「淺針」手法修飾表面毛躁或粗大毛孔。

• 淺針:(塑型／修飾)針下約1/4。
• 深針:(固定／塑型)針下約3/4。

④ 塑型

羊毛氈雕塑成型的重要步驟,基本針法說明如下:

• 垂直入針:(90度)直進直出。
• 平行入針:(180度)平進平出。
• 打斜入針:(30～45度)斜進斜出。
（加法＝補毛。減法＝戳刺）

Point

手作小筆記

1. 耳朵、四肢等對稱類配件,可以一起等份分量好,避免誤差過大。
2. 捲毛是下針前重要的步驟,鬆緊度會影響下針次數和成型速度喔!

Step3 針氈技法

針氈的兩大技法

針氈製作過程中有兩大重點技法，即：連接、補毛。確實連接使作品牢固，就可以提高耐用度；而作品若補毛修飾完整，即可減少毛燥感。

1 連接　用戳針把作品配件等相互接合，不需要任何接著劑，作品看起來一體成型，這就是羊毛氈不需要接著劑就可以完成一體成型的技法。

1

將欲接合的部位留些「原毛」，兩者接合時比較容易互相氈合。

2

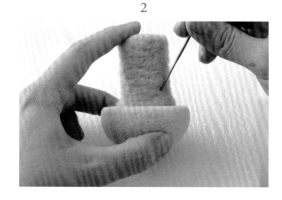

可用珠針將接合物稍做固定，以戳針小心下針，來回戳刺兩者，即可使其牢固。

3

菇傘加上小圓點，作品完成。

Point
手作小筆記

若是較大件作品，建議可以先用「針線」將兩者略接縫後，再用戳針加強。

2 **補毛**　若作品過小，可藉此增加毛量，讓作品變大。也可用微量羊毛修飾作品表面或缺陷處。

1

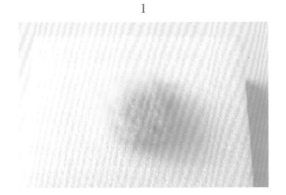

取微量毛。

2

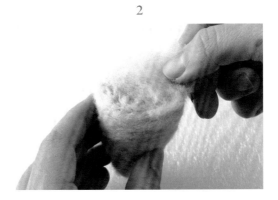

將毛稍微抓捏成片狀，平鋪在作品接縫或缺陷處。

3

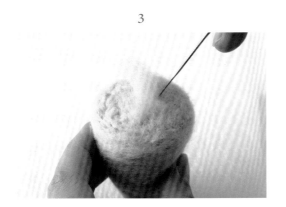

以戳針來回不斷戳刺，若不夠可再增加毛量。

4

用細針仔細修飾，完成。

Step 4 幾何形8大基本技法

Round
球形

Let's make a wool felt

1 抓出一小團羊毛後，往前捲緊。

2 在往前捲緊的過程中，將兩旁多餘的毛往中心集中並包覆，再繼續捲。

3 一手抓緊作品，一手用粗針上下垂直戳刺固定，翻面，重複戳刺動作至毛不鬆脫。

4 一邊轉動作品，一邊戳刺整型調整正確形狀。

5 修飾作品較不平整的部分。

6 用細針修飾表面毛細孔。

Point
手作小筆記

1   2   3

捲毛的三種基本方式
1. 包覆式：將兩旁多餘毛往中間集中捲起。
2. 螺旋式：似蝸牛漩渦狀，繞成一圈一圈。
3. 折疊式：像摺紙般往前摺疊出所需厚度。

Check!

球形完成

Flat Round

扁圓形

Let's make a wool felt

1 用折疊的方式，往前折出適當厚度。

2 一手抓緊作品，一手用粗針上下垂直戳刺固定，翻面，重複戳刺動作至毛不鬆脫。

3 戳針由外向中心點，保持平行180度戳刺，翻面，重複上一個動作，調整正確形狀。

5 修飾作品較不平整的部分。

4 以細針修飾毛細孔。

Check!

扁圓形完成

Point

手作小筆記

可以視羊毛種類和手作習慣選擇捲毛方式。

1 用折疊的方式將羊毛折出適當厚度。

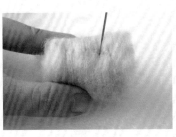

2 以上下垂直方式下針戳刺固定。

3 左右兩邊的毛,用戳針平行的由外向內戳刺。

4 調整正確形狀後,將6個面平均戳平。

5 在兩個面的交界處,用戳針修出俐落邊緣,再以細針修飾毛細孔。

方形完成

Check!

運用篇 **方形延伸——筒狀**

1 將方形的四邊角修圓,即成「筒狀」。

or

2 直接將毛往前捲緊,再把四周和兩端修飾平整,就是筒狀了。

Setp 1　　　　Setp 2　　　　Setp 3

Round pie & Semicircle
圓餅狀 & 半圓形
Let's make a wool felt

1 用螺旋方式，將羊毛繞成扁圓。

2 以戳針由外向內下針戳刺固定，調整正確形狀。

3 將正反兩面戳刺平整，並修飾邊緣。

4 以細針修飾毛細孔。

Check!

圓 餅 狀 完 成

 運用篇 **圓餅狀延伸——半圓形**

1 將圓餅狀邊緣處修圓，即成「半圓形」（圓頂處毛量不足可補毛調整）。

or

2 直接將毛以螺旋方式捲緊，往中心處下針導圓角，底部整平，就是漂亮的半圓形了。

Setp 1   Setp 2   Setp 3

Triangle
三角形

Let's make a wool felt

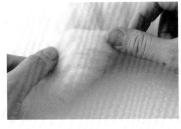

1 將羊毛用折疊方式，折出三角形。

2 折出所需要的厚度。

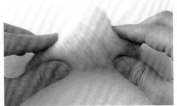

3 用手調整各邊毛量。

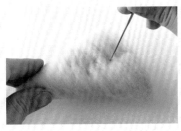

4 以戳針戳刺固定。

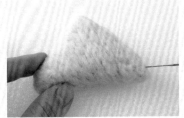

5 調整正確形狀，修飾三個角。

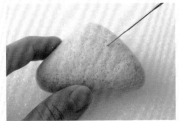

6 以細針修飾毛細孔。

三 角 形 完 成

Check!

Point
手作小筆記

1. 三角形的大小和厚度，會因毛量不同而有所差異喔！

2. 不同角度的三角形，可以在塑型階段慢慢調整。

Conical & Teardrop-shaped
錐形 & 水滴狀
Let's make a wool felt

1 用螺旋方式，將羊毛捲成圓筒狀。　**2** 以戳針戳刺固定。

3 一邊下針一邊調整形狀，慢慢塑出尖角。

4 將底部修飾平整。

5 以細針修飾毛細孔。

Check!

錐 形 完 成

運用篇 錐形延伸──水滴狀

1 將錐形底部邊緣處修圓。以同樣方式將底部補毛，即成「水滴狀」（請參考**P15**）。

or

2 直接將毛捲成橢圓形後，用針修出尖端，再將底部修圓潤，就是水滴囉！

Setp 1　　　Setp 2　　　Setp 3

Sheet
片狀
Let's make a wool felt

1 將羊毛撕成小片後，整齊地鋪在白色工作墊上。

2 以同樣方式平行鋪上第二層，可視所需厚度增減層數。

3 用戳針在鋪好的毛上來回戳刺固定。

4 將邊緣多餘的毛折進來，下針戳刺。

5 小心翻面，重複下針戳刺動作。

6 用細針修整邊緣，再翻面重複此動作，片狀大致成型後，將戳針打斜約35～45度來修飾表面。

整平前　　整平後

7 用熨斗以中溫整平，完成。

Point
手作小筆記
片狀因厚度較薄的關係，戳刺時容易正反面互相竄毛，建議用「斜針」方式耐心修飾。

Check!

片 狀 完 成

Strip
條狀
Let's make a wool felt

1 將羊毛折成所需長度。

2 以戳針戳刺固定。

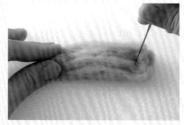

3 羊毛上、下對折後用戳針再戳刺。

4 用戳針將兩端毛往中間戳刺。

5 不平均處,補毛調整。

6 以細針修飾毛細孔。

Point
手作小筆記

1. 可以在兩端用「補毛」方式,
   調整所需長度。
2. 若插入「細鐵絲」,就可以隨
   意改變彎度囉!

條狀完成

 Check!

魔鏡、魔鏡，誰最美？

Snow White

白雪公主

公主項鍊綴飾 & 小矮人書帶

城堡裡的小公主，每天都有新衣裳和新髮型。
看著越來越美麗的小公主，皇后真是氣壞了……
魔鏡、魔鏡……請問誰最美？！

白雪公主
公主項鍊綴飾

材料

羊毛 粉膚色3g、褐色3g

素材 4mm豆豆眼×2、直徑3cm的金屬底托×1

其他 針線、繡線、剪刀、保麗龍膠、腮紅粉餅

Step by Step

1

以螺旋方式將粉膚色毛捲成圓餅狀。

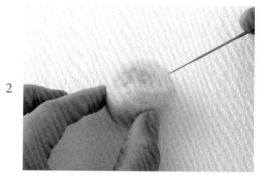

2

用粗針在外圍戳刺一圈，以平行方式入針固定。

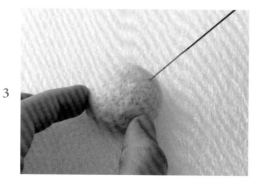

3

將圓餅狀修整成約3×3cm的半圓形。

4

取褐色毛，用手搓成線狀。

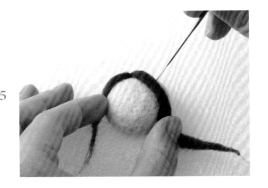

5

褐色線狀毛戳刺固定在娃娃臉上。依照個人喜好，把頭髮處理成「中分」或「旁分」。

6

再取部分褐色毛填滿頭皮剩下的地方。

7

另外製作一顆小毛球備用。

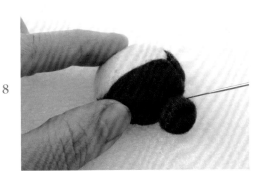

8

用戳針把做好的小毛球，小心固定連接在娃娃頭上，包包頭完成。

9

以戳針或錐子在娃娃臉上戳出小洞，插入豆豆眼（豆豆眼前端可以沾取些許保麗龍膠協助固定）。

10

以繡線縫上微笑表情。

11 　用粉餅輕輕抹上腮紅。

12 　加上頭頂的裝飾配件。

13 　金屬底托上膠，將娃娃頭黏上，完成。

Point
手作小筆記

1. 請先考量金屬底托的尺寸、大小，再決定娃娃臉部使用的羊毛量。
2. 眼睛除了用豆豆眼之外，也可以直接用羊毛戳入。

Check!

公主項鍊綴飾完成！

微笑表情縫法：

1 由中心點的背面出針，再從右上角入針。

2 再從左上角背面出針。

3 最後回到中心點入針。

4 在背後打結，微笑表情完成。

Check!

運用篇

✦ 變身精巧化妝鏡 ✦

娃娃頭除了做成綴飾之外，也可在娃娃背後加上
吸鐵、別針或鏡子，變身為多用途飾品。

白雪公主
小矮人書帶

材料	羊毛	駝色3g、粉膚色1g、粉紅色少許
	素材	2cm的寬版鬆緊帶×1、暗扣×1、不織布
	其他	針線、剪刀、保麗龍膠

Step by Step

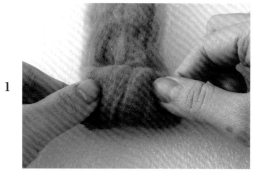

1

把駝色羊毛折疊成約長4.5cm、寬2cm的片狀。

2

用戳針正反面戳刺，固定成稍扁的長方形。

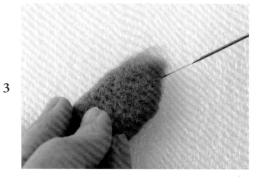

3

將一端留些原毛，修成尖角狀。

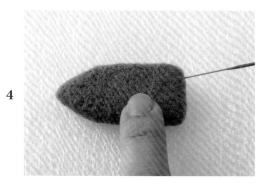

4

另一端用針修飾平整。

5

在臉部戳上粉膚色羊毛。

6

另外取微量粉紅色羊毛戳在筆尖部位。

7

縫上眼睛（結粒繡，請參見P98）、嘴巴及小矮人衣服上的裝飾（回針縫，請參見P98）。

8

剪一小片與小矮人形狀、大小相同的不織布，縫上暗扣。

9

縫好暗扣的不織布用保麗龍膠黏在小矮人背面，待乾。

10

將寬版鬆緊帶裁剪好適當長度後，用針線對縫。

11

在鬆緊帶縫上另一半暗扣。

12

依照個人喜好加上其他裝飾配件。將小矮人扣
上，完成。

小矮人書帶完成！

Check!

Point
手作小筆記

1. 小矮人的衣飾，可自行用羊毛或複合素材
   做搭配。
2. 鬆緊帶長度請依照個人需求裁剪，記得稍
   拉緊後再裁剪。

運用篇

✦ 變身筆插袋 ✦

可在原本的書帶旁，另外縫上一小段鬆緊帶，
就是可愛又有創意的小矮人筆插袋。

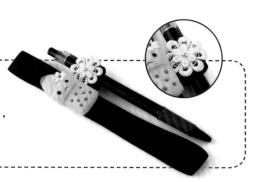

女孩的祕密衣櫥

Cinderella

灰姑娘

淑女小帽飾品 & 南瓜馬車memo夾 & 小老鼠 & 洋裝香氛袋

王子的舞會即將到來，邀請了各地的名媛淑女。
閣樓上的好朋友們，開始張羅著灰姑娘的裝扮……
穿上幸福的洋裝，灰姑娘準備開心地去參加盛會囉！

灰姑娘
淑女小帽飾品

材料	**羊毛**	櫻花粉色3g
	素材	不織布、緞帶、別針
	其他	針線、剪刀、保麗龍膠

Step by Step

1 以螺旋方式,將羊毛捲成圓餅狀。

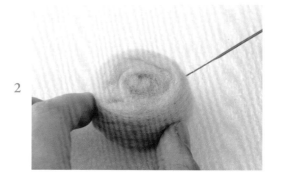

2 用戳針以平行方式由外向內戳刺固定。

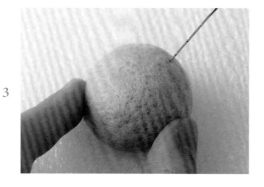

3 將帽子一面用戳針塑成半圓形。

4 另取羊毛在工作墊上鋪成圓狀。

5

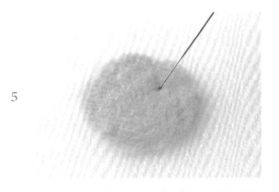

再用針戳成片狀，正反面來回塑型，厚度可以
補毛調整。

6

將帽身和帽緣重疊在一起。

7

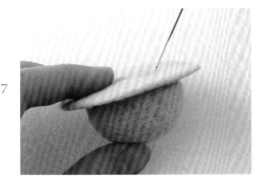

翻到背面用針戳刺，將兩者連接起來。

8

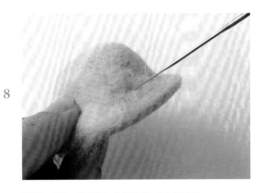

翻回正面，在連接處用少許毛補整齊。

9

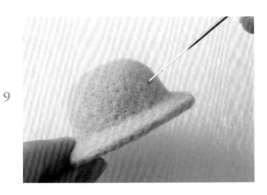

用細針將整體氈化修飾。

10

黏上緞帶和裝飾配件。

11

剪一小片圓形不織布，上膠，黏貼在帽子背面。

12

背面再黏上別針，完成。

Check!

淑女小帽完成！

Point

手作小筆記

1. 連接處的補毛，盡量以微量的羊毛慢慢加上，再用細針仔細修飾。

2. 帽緣尺寸可以隨個人喜好自由放大或縮小。

運用篇

✦ **變身髮夾或吊飾** ✦

也可以換成其他配件，變成時尚的裝飾品。

灰姑娘

南瓜馬車memo夾

材料

羊毛 枇杷色5g

素材 鈕扣×4、毛根線少許、memo夾×1

其他 針線、剪刀、保麗龍膠

Step by Step

1

以螺旋方式,將羊毛捲成圓餅狀。

2

以平行方式入針固定。

3

用戳針將上下邊緣處修圓,塑成大的扁圓形。

4

在南瓜上分出6等分,並刻出凹痕。再用細針將南瓜整體修飾甎化。

5

在南瓜中心處戳洞，插入memo夾。

6

在memo夾上面繞上毛根線當成南瓜梗。

7

南瓜四邊縫上鈕扣，當成輪子裝飾。

8

用毛將縫線外露處補起來，再加上裝飾配件，
即完成南瓜馬車部分。

**南瓜馬車
memo夾完成！**

Check!

Point
手作小筆記

1. 雕塑凹痕之前，請不要讓南瓜過度氈化
（過硬），以免下針不易。
2. 南瓜梗也可以使用毛線、鐵絲等其他線材
代替。

灰姑娘

小老鼠

材料		
	羊毛	淺灰色3g、白色少許、玫瑰粉少許
	素材	3mm豆豆眼×2
	其他	針線、剪刀、保麗龍膠

Step by Step

1　將淺灰色羊毛捲成橢圓狀。

2　下針固定，用戳針塑成橢圓形。

3　用針將肚子部位稍微戳平。

4　在肚子上加白色毛。

5

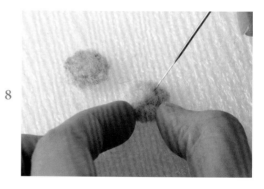

另取淺灰色羊毛，分成4等分，每段長約5公分，製成四肢。

6

戳成4個條狀（請參見P24）後，再分別將一端修圓。

7

將四肢各自連接在小老鼠身上。

8

抓少量淺灰色毛，用針戳成圓片狀，再取少許玫瑰粉色做內耳。

9

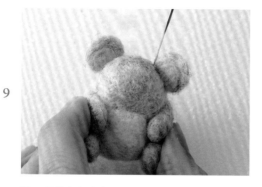

將耳朵接合在小老鼠頭上。

10

縫上鼻子、嘴巴和前爪，再加上豆豆眼。

11

以縫線作為尾巴，完成小老鼠部分。

12

用針線將小老鼠和南瓜馬車縫在一起，依個人喜好再加上其他裝飾，完成。

Point
手作小筆記

1. 四肢和耳朵對稱等量的配件，可一起分量，避免大小不一。
2. 面積越小的部分，可直接使用細針操作。

Check!

小老鼠完成！

灰姑娘
洋裝香氛袋

材料		
羊毛	白色20g	
素材	蕾絲或緞帶、紗網束口袋、香氛豆	
其他	針線、剪刀、鐵線或衣架配件均可	

Step by Step

1

將羊毛平鋪成長約20cm、寬約8cm的片狀，
再移到工作墊上，做為洋裝裙子部分。

2

用戳針將鋪好的羊毛平均戳刺成片。

3

翻面重複上述戳刺動作，過薄或有洞處用補毛
方式填滿。

4

用剪刀將毛氈片左右兩邊修剪整齊。

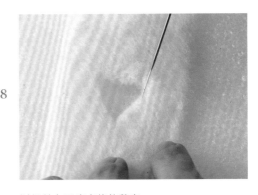

5 用細針（斜針）在刀痕處加強氈化。

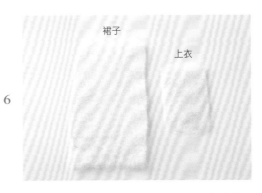

6 以同樣方式製作長約8cm、寬約5cm的片狀，做為洋裝上衣部分。

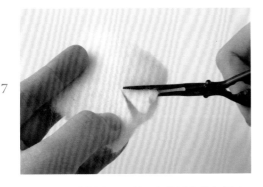

7 上衣羊毛片對折後，用剪刀在對折處剪出領口。

8 以細針在刀痕處修飾整齊。

9 完成洋裝的裙子和上衣。

10 將裙子摺出波浪皺褶狀。

11

用戳針將製作好的裙子，連接在上衣的下方，背面的上衣和裙子以相同方式製作。

12

用針線縫上蕾絲或緞帶裝飾。

13

加上喜歡的裝飾配件。

14

再把適量香氛豆裝入紗網袋裡，綁緊紗網袋束口後放入洋裝內，完成。

Point
手作小筆記

若沒有現成衣架配件，可用鐵線DIY折出適當大小使用。

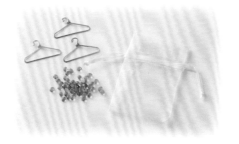

洋 裝 香 氛 袋 完 成 ！

Check!

森林裡的烘焙屋

Little Red Riding Hood

小紅帽

吐司飾品 & 麵包盤別針 & 馬卡龍擺飾/小蛋糕針插 & 小紅帽筆套

奶奶在森林裡開了一間烘焙屋，小紅帽快樂地在店裡穿梭著……
熱呼呼剛出爐的麵包，幸福滿滿的手作點心，
今天，你想試試哪一種口味？

小紅帽

吐 司 飾 品

材料

羊毛 白色8g、淺駝色2g

素材 珠鍊×1

其他 針線、剪刀、保麗龍膠

Step by Step

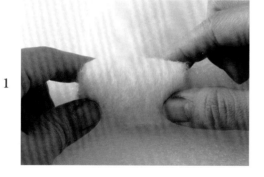

1 　將白色羊毛折成適當厚度。

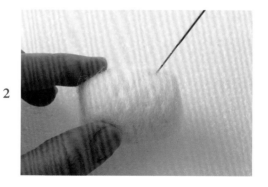

2 　下針固定塑型。

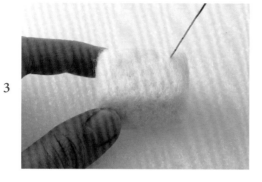

3 　用戳針調整成長方狀。

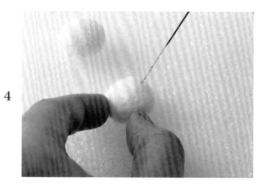

4 　製作2顆圓形小毛球。

5

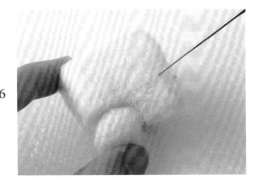

將小毛球用戳針小心連接在長方體上方，做出
駝峰。

6

在連接處補毛修飾，使其一體成型。

7

在吐司上方加上薄薄一層淺駝色羊毛，用細針
修飾表面。

8

縫上眼睛、嘴巴、其他裝飾和珠鍊，完成。

吐司完成！

---- Check!

| Point
手作小筆記

1. 作品上的可愛表情，可用羊毛戳刺或一
   般針線縫入。
2. 麵包上的淺駝色也可以自行換成其他口
   味的顏色喔！

小紅帽
麵包盤別針

材料	羊毛	白色8g、淺駝色2g
	素材	大的木質鈕扣×1、別針×1
	其他	針線、剪刀、保麗龍膠

Step by Step

1 將羊毛捲成長條狀。

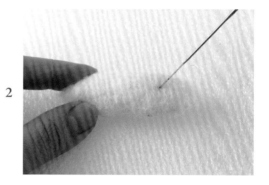

2 下針固定塑型。

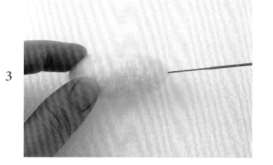

3 兩端用戳針修圓。

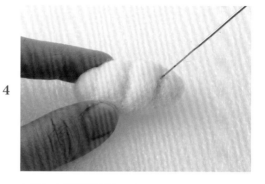

4 在麵包上以戳針刻出凹痕。

5

在凹痕內加上一點點淺駝色羊毛。

6

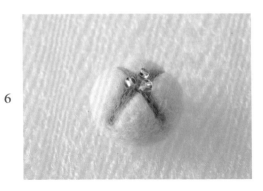

以同樣方式製作圓麵包。

7

將兩個麵包用保麗龍膠一起黏在鈕扣上，再加上其他裝飾。

8

鈕扣背面黏上別針，完成。

其他作品參考

Point
手作小筆記
若沒有大的木質鈕扣，也可以選用其他素材當成底托。

Check!

麵包盤完成！

小紅帽

馬卡龍擺飾／小蛋糕針插

材料		
羊毛	馬卡龍：粉紅色3g、褐色2g	
	小蛋糕：粉膚色5～8g、褐色2g、白色、捲捲毛少許	
素材	裝飾珠少許	
其他	針線、剪刀、保麗龍膠	

馬卡龍擺飾 / **Step by Step**

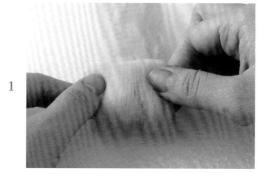

1　將粉紅色羊毛，折出所需厚度（請見版型P96）。

2　用戳針下針固定。

3　以平行方式入針塑型，調整成扁圓狀，再用細針修飾表面。

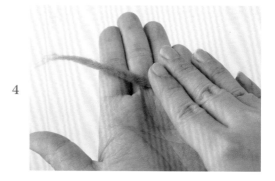

4　褐色羊毛用手搓成線狀。

5　戳在馬卡龍邊緣當夾心。

6　以裝飾珠裝飾馬卡龍（縫或黏的方式），完成。

馬 卡 龍 吊 飾 完 成 ！

Check!

Point
手作小筆記
馬卡龍可隨個人喜好加上吊飾配件，送禮自用幸福滿分。

小蛋糕針插 / **Step by Step**

1　以螺旋方式，將粉膚色羊毛繞捲成圓餅狀。

2　用針固定塑型。

3

為維持鬆軟度，不要過度氈化，戳出形狀後，換細針開始做表面氈化即可。

4

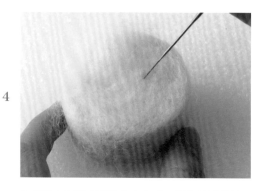

在蛋糕上面戳上薄薄的白色毛，做為糖霜裝飾。

5

褐色毛用手搓成線狀，用戳針小心加在蛋糕腰部當夾心。

6

用「結粒繡」（請參考P98）在夾心部分縫出小顆粒當裝飾。

7

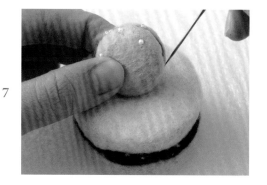

將事先做好的馬卡龍（請參考P51）固定在蛋糕上，可戳或用針線固定。

8

用戳針將白色捲捲毛加在蛋糕上，做成奶油裝飾。

9

將喜歡的羊毛顏色揉成小顆粒狀做成點綴，完成。

Check!

小蛋糕針插完成！

Point
手作小筆記

1. 蛋糕主體盡量不要戳得太硬，只要表面氈化度高即可，中間有彈性，當夾心戳入時才會顯得自然！
2. 馬卡龍可以用針線帶幾針縫在蛋糕上，加強牢固性。

運用篇

✦ 各種甜點蛋糕 ✦

1. 可以依照喜好搭配其他顏色，製作其他口味蛋糕。
2. 裝在紙盒或瓷器裡，就變成桌上以假亂真的裝飾品。

小紅帽

小 紅 帽 筆 套

材料		
羊毛	白色5g、粉膚色3g、磚紅色3g、褐色1g	
素材	鉛筆、蕾絲、4mm豆豆眼×2	
其他	針線、剪刀、保麗龍膠、珠針	

Step by Step

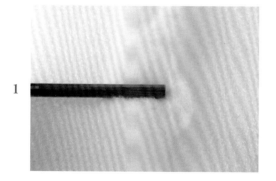

1　將鉛筆一頭放置在白色羊毛條上。

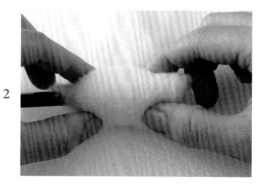

2　羊毛服貼著鉛筆，一層一層慢慢往前捲出適當厚度。

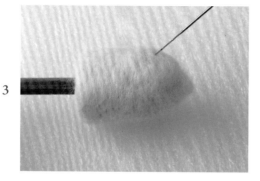

3　小心避開中間的鉛筆，將戳針打斜，一邊翻轉筆套，一邊塑型氈化。

4　將筆套立直，下深針將底部修飾平整。

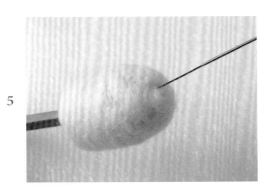

5

筆套前端略做氈合，完成小紅帽身體。

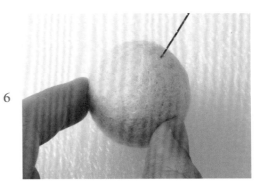

6

取粉膚色羊毛，戳成球形當頭部。

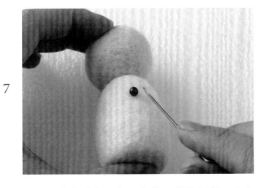

7

用珠針將身體和頭部固定住，細針打斜，由身體往頭部方向戳刺，邊翻轉邊做連接。

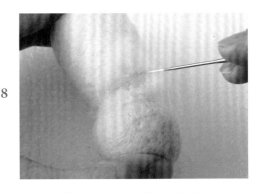

8

另取些許粉膚色羊毛，在接合處修補整齊。

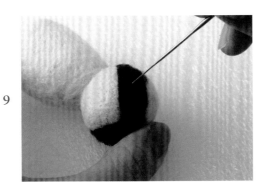

9

取褐色毛，在臉上戳上頭髮（請參考P26-27）。

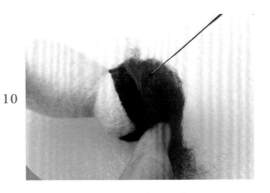

10

在頭髮上加上磚紅色毛，做帽子部分。

11

在頭頂端部分逐漸增加毛量（補毛），慢慢塑成水滴狀。

12

用針線縫上蕾絲當裙擺。

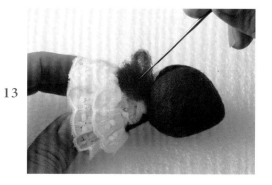

13

身體上半部加上紅色毛，覆蓋住蕾絲縫線處。

14

在臉部戳出小洞，插入眼睛。

15

加上兩側頭髮、表情和其他裝飾配件，完成。

Point
手作小筆記

1. 鉛筆捲毛時請勿使用附橡皮擦那端，避免戳刺後橡皮擦塞卡在作品裡喔！
2. 作品塑型時，請勿將鉛筆拔出，以免洞口變形或堵塞。

Tips 小紅帽頭部也可以這麼做

- 小紅帽球形頭部尺寸，建議依照身體大小做調整。

- 小紅帽頭部，也可先用紅色毛塑出水滴狀，再補上粉膚色和褐色頭髮。（見右圖1-3）

1 先用紅色羊毛塑出水滴狀。

2 將臉部的粉膚色羊毛加在水滴狀上。

3 再加上褐色羊毛當頭髮。

Check!

小紅帽筆套完成！

幸福快樂的尾巴

Little Mermaid

人魚公主

貝殼幸福戒台 & 泡泡魚吸鐵 & 抱抱娃玩偶

湛藍的海底世界裡，住著一群幸福的人魚。
人魚媽媽每天都會為人魚公主說著陸地上的新鮮事……
小公主也想著有一天，帶著媽媽珍藏的貝殼，到陸地上冒險！

人魚公主

貝 殼 幸 福 戒 台

材料
羊毛 白色5g、粉藍色少許
素材 緞帶、金屬扣環
其他 針線、剪刀

Step by Step

1 將白色羊毛整理成約5cm寬的長條狀。由一端開始,往前重複折疊出厚約1.5cm三角形。

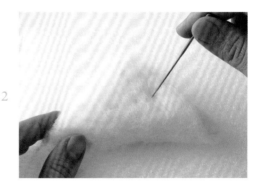

2 下針固定,調整形狀。

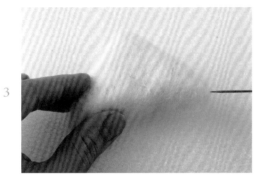

3 將三邊尖角處往中心戳刺,修成圓角狀。

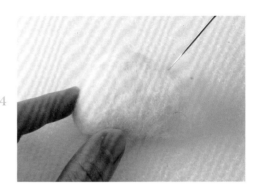

4 有缺口或毛量不足處,用補毛方式調整。

5

取粉藍色毛，用手搓成線狀。

6

用細針戳在貝殼正面，做成紋路裝飾。

7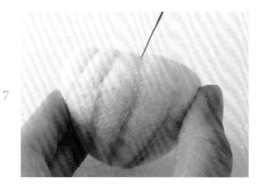

在貝殼藍色線條下緣處，用戳針刻出凹痕。

8

加上裝飾配件及扣環。

9

取緞帶中心點，用針線縫在貝殼背面。

10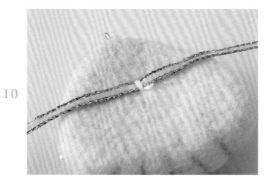

若縫線處太明顯可補毛修飾。

10

套上戒指、打上蝴蝶結，完成。

Point

手作小筆記

1. 可依照喜好戳上不同的花樣，設計出自己專屬的貝殼。
2. 加上鍊子，就可變身成搭配服裝的配件。

貝 殼 幸 福 戒 台 完 成 ！

Check!

人魚公主
泡泡魚吸鐵

材料	**羊毛**	粉膚色3g、白色少許
	素材	10×6cm不織布×2、繡線、4mm豆豆眼×1、強力磁鐵×1
	其他	針線、剪刀、消失筆、保麗龍膠

Step by Step

1 以版型在不織布上描出泡泡魚的圓形身體和心形尾巴（版型請參見p97）。

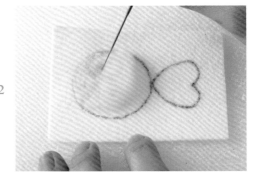

2 取少量粉膚色毛，用戳針在框線內戳刺，再漸漸填滿全部範圍。

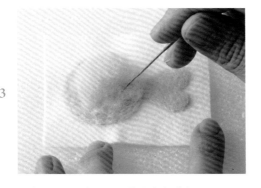

3 在中間部位增加毛量，讓魚身立體化。

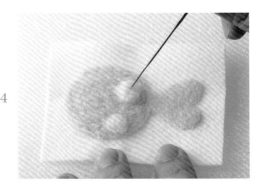

4 取白色毛，用手揉成小球後戳在魚身上當裝飾。

5 以回針縫（請參見p98）縫出外框、嘴巴和尾巴線條。

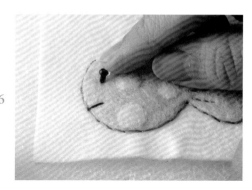

6 眼睛位置戳出小洞後，插入豆豆眼（豆豆眼太長可剪短使用）。

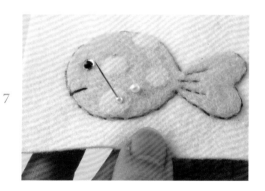

7 依喜好加上其他裝飾配件。

8 預留約0.3cm的邊，剪下泡泡魚形狀。

9 背面黏上強力磁鐵。

10 上膠貼合在另一片不織布上，待乾。

11

沿邊剪下，完成。

Point
手作小筆記

1. 若選用一般磁鐵，黏貼前要注意正反磁性之分。
2. 不織布可選用「硬質」款，製作過程時較不容易破損。
3. 羊毛與布類結合，推薦使用細針或星狀細針。
4. 各式布類與羊毛結合皆有不同效果，建議事先以小部分做試驗。

Check!

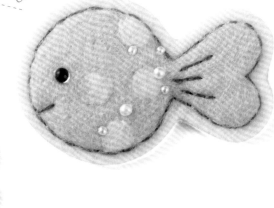

泡泡魚吸鐵完成！

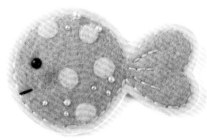

運用篇

1. 小魚身上的圖案與表情可以隨個人喜好做變化。
2. 試試看製作其他圖案的磁鐵，美化家中的冰箱吧。

人魚公主

抱 抱 娃 玩 偶

材料	羊毛	粉膚色3g、褐色5g、粉藍色3g、白色少許
	素材	30×30cm不織布×1、繡線、填充棉花、6mm豆豆眼×2、裝飾配件
	其他	針線、剪刀、水消筆或鉛筆

Step by Step

1

書中人魚版型（請參見p97）放大後剪下，用消失筆在不織布上描出正、反面的外框線。

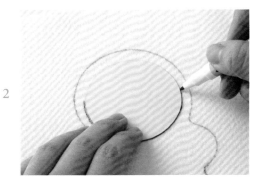

2

用圓形版描出娃娃臉部。

3

將頭髮和上半身的線條完整描繪清楚。

4

背面用消失筆畫出頭髮部分。

5

沿著框線，在正面用戳針將膚色毛填滿臉部、
上半身，再取些粉藍色羊毛填滿魚尾部分。

6

以同樣方式完成正面頭髮。

7

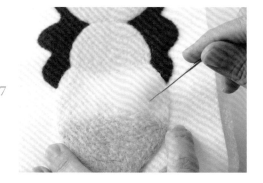

在中間部分加上白色毛。

8

為製造魚尾白色與藍色毛之間的漸層效果，請
在白色毛裡加入微量粉藍色毛。

9

用手將兩色來回混合均勻。

10

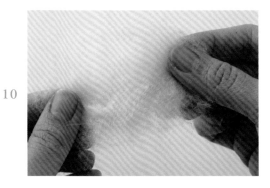

兩色混合後當成中間銜接色。

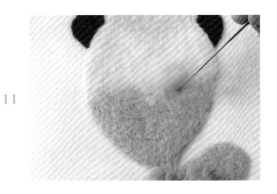

11

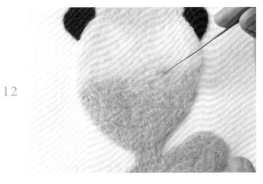

12

將銜接色戳在藍、白色交接處，呈現漸層效果。

用細針修飾漸層色周圍的部分。

13

14

用回針縫（請參見p98）縫出雙手、嘴巴和邊框。

在臉部加上豆豆眼及表情，再縫上裝飾珠及緞帶花瓣美化。

15

16

以相同方式將背面頭髮及魚尾完成，並加上裝飾。

預留約0.5cm的邊，剪下正、反兩面人魚娃娃形狀。

17

18

用「毛邊縫」（請參見P98）方式將兩片作品
縫合。

一邊縫合，一邊塞入填充棉花，完成。

抱 抱 娃 玩 偶 完 成 ！

Check!

Point

手作小筆記

1. 正反兩面氈化完成後，可用
   熨斗以中溫整平，再繼續其
   他步驟。

2. 填充棉花，也可以使用NG
   羊毛替代。

優雅的天鵝

Swan Lake

天鵝湖

黃色小鴨擺飾 & 可動式小芭蕾娃娃 & 小天鵝置物盒

親愛的小鴨子，每天都在幸福的呵護下慢慢長大。
期待有一天，醜小鴨變天鵝……
換上雪白美麗的羽毛，舞一段動人的樂章！

天鵝湖

黃色小鴨擺飾

材料		
	壓克力毛	黃色25g、橘色2g、杏白色少許、粉紅色少許
	素材	不織布、6mm豆豆眼×2、裝飾配件
	其他	針線、剪刀、保麗龍膠

Step by Step

1

把黃色毛捲成橢圓狀,做小鴨身體。

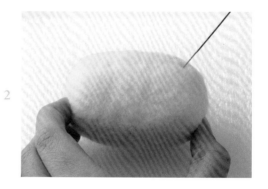

2

用戳針調整形狀,戳成大橢圓。

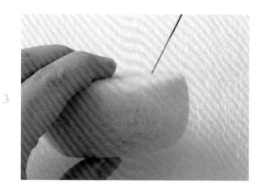

3

橢圓身體上、下面用戳針修平。

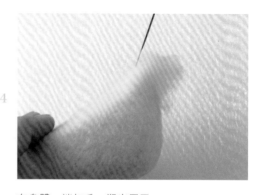

4

在身體一端加毛,塑出尾巴。

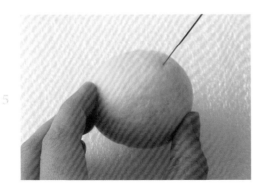

完成球形頭部。

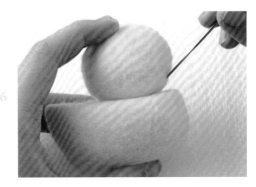

頭部和身體用針線約略縫接後，用戳針環繞一圈加強連接。

以橘色毛折出小三角形，戳刺，製作成鴨嘴備用。

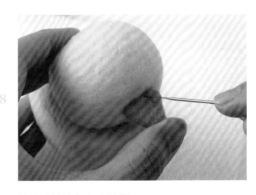

將鴨嘴連接在小鴨頭部。

臉部戳洞加上豆豆眼及其他裝飾。

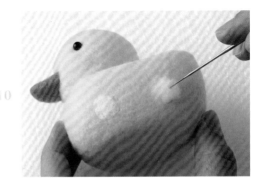

取杏白色毛，揉成圓形戳在身體上做裝飾。

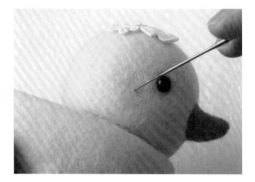

11

取粉紅色羊毛，加在小鴨臉部當腮紅。

12

剪2片可放入一枚銅版大小的不織布。

13

2片不織布以平針（請參見p98）對縫，留一邊
開口不縫，做成口袋狀。

14

上膠黏在小鴨子底部，完成。

Point

手作小筆記

1. 壓克力毛不同於羊毛纖維，建議使用一般
   細針或星狀針，可減少下針阻力快速成
   型。
2. 壓克力纖維作品與一般羊毛作品一樣，都
   可呈現出鬆軟或硬實的質感。
3. 壓克力毛不怕水洗，因此黃色小鴨可當成
   小朋友的洗澡玩具喔！

Check!

黃色小鴨完成！

天鵝湖

可動式小芭蕾娃娃

材料

壓克力毛	膚色10g、巧克力色3g、粉紅色3g	
素材	日本製骨架40cm、3mm豆豆眼×2、蕾絲、皇冠戒指×1	
其他	針線、剪刀	

Step by Step

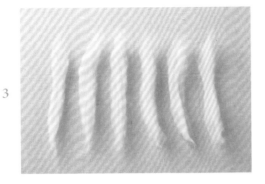

1　剪下40cm長的支撐架。

依版型圖示（請參見P96）將人形身體和雙手折好備用。

雙手

身體

雙腳

3　取一束膚色羊毛，分成6等分，每段長約15公分。

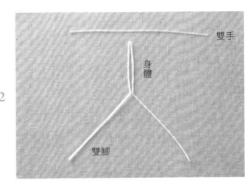

4　用手分別搓成線狀備用。

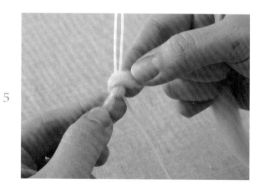

5

取1束毛在身體和雙腳交叉處繞緊。

6

多餘的毛繞回身體骨架。

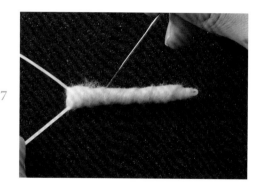

7

避開骨架,用細針將毛略為戳刺固定。

8

再取1束毛,以同樣方式將手部骨架固定在身體上。

9

用細針戳刺固定。

10

用其餘4束毛,依序將雙手和雙腳各自包裹上一層毛,下針戳刺固定。

11

身體部分繞上第二層毛，戳刺（身體、四肢胖瘦依個人喜好決定毛量）。

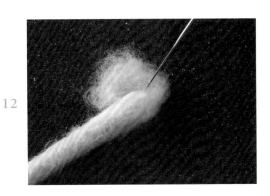

12

四肢尖端處，補毛修飾。

13

以珠針將身與頭部固定，再用細針小心將頭部連接在身體上。

14

整體重新修飾，毛量不均勻處補毛調整。

15

製作一顆小毛球備用。

16

在娃娃臉上戳上頭髮（請參見p26–27）。

17

將皇冠用針線固定在頭髮上。

18

用戳針將小毛球戳刺重疊在皇冠上。

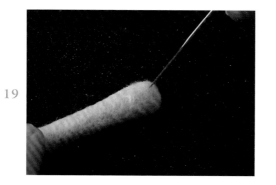

19

兩腳加上粉紅色羊毛做成舞鞋。

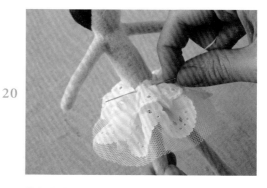

20

依個人喜好縫上蕾絲當舞裙。

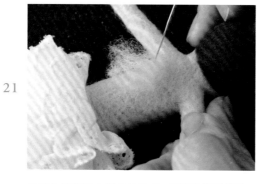

21

身體上半部戳上粉紅色羊毛,遮蓋住蕾絲縫線。

22

加上眼睛、嘴巴和其他裝飾配件,完成。

可動式小芭蕾娃娃完成！

Check!

Point

手作小筆記

1. 用毛包覆骨架四肢時，每層毛戳刺得越服貼越能提高娃娃的紮實度。
2. 娃娃身體部分可預留些戳刺空間，不必過度戳刺，加上衣服顏色後再繼續氈化。
3. 頭飾部分可自由搭配設計。

運用篇

✦ 變身為優雅名片座 ✦

將娃娃在杯墊上調整成「坐姿」，
即可變成名片座喔！

天鵝湖

小天鵝置物盒

材料

壓克力毛 杏白色20～25g、黃色少許

素材 日本製骨架15cm、器皿×1（約直徑7cm，高4cm）、不織布少許

其他 針線、剪刀、保麗龍膠

Step by Step

1

將白色羊毛平均鋪在工作墊上，長度約是包覆器皿的一圈。

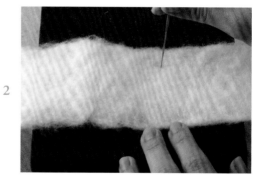

2

用戳針將鋪好的毛戳成片狀。過薄的地方增補毛量，調整平均厚度。

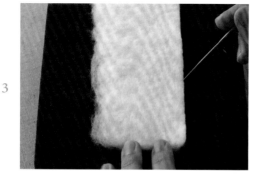

3

將毛氈片的一邊，用細針修飾平整。

4

在器皿外圍黏上一圈雙面膠。

5

將毛氈片緊緊服貼在器皿上。

6

毛氈片兩端接合處,用斜針做連接。

7

器皿底部貼上雙面膠。

8

將側邊多餘的羊毛向底部中央摺入,用斜針做接合。

9

皺摺處以補毛方式修平。

10

拿出約15公分骨架,白色羊毛搓成長條狀,將骨架緊緊包覆,戳刺成約1公分厚度,做為天鵝的脖子。

11

脖子頂端用補毛增量方式塑出天鵝頭部。

12
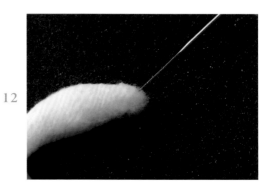
頭部尖端用戳針加上黃色的嘴巴。

13

戳一白色毛氈片備用。

14

用毛氈片將天鵝脖子服貼在身體上,用細針做接合並氈化。

15

戳兩枚橢圓片狀,做天鵝翅膀。

16
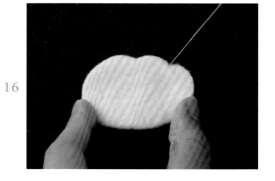
在翅膀上用細針修出凹痕。

17

在翅膀上縫線，並加上其他裝飾。

18

翅膀上膠黏在天鵝身體兩側。

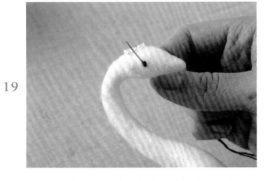

19

用針線縫出天鵝眼睛及加上其他裝飾，完成。

Point
手作小筆記

1. 初學者，請盡量選擇正圓形或正橢圓形的器皿，以減少製作上的困難。
2. 壓克力系列毛不怕沾水可清洗，小天鵝也可以變成植栽的器皿。

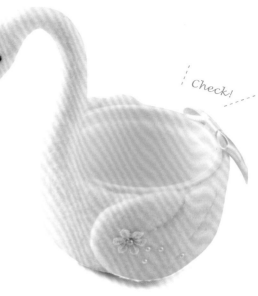

Check!

小天鵝置物盒完成！

白雪公主‧愛漂亮換換樂

Appendix

附錄

Maru的經典童話羊毛氈

認識羊毛氈
Wool Felt

Q ### 什麼是羊毛氈？

大部分人應該都知道，上等的羊毛衣物是不能直接放進洗衣機水洗的，因為羊毛衣物經過皂劑浸濕、翻滾攪動後，如果再加上烘乾……，整件衣物就會變得又小又硬，這就是羊毛氈化的簡單原理。因為羊毛纖維是由無數的鱗片組織而成，鱗片組織遇水加壓時會張開，經過不斷加水加壓之後，羊毛的鉤狀物會緊密糾結纏繞在一起，進而形成堅固耐用的氈化物。

Q ### 羊毛氈除了「保暖」也能「防水」嗎？

像是屋瓦片狀般、由鱗狀重疊而成的羊毛纖維，能夠吸收濕氣也能隔絕水分，水滴在羊毛氈製品上並不會馬上滲透，所以只要不是刻意浸濕，用手輕輕拍彈或用乾布擦拭乾淨，羊毛氈製品就可保持乾燥。

Q ### 羊毛氈該如何收納與保養？

台灣氣候潮濕，羊毛氈得特別小心收藏保存。羊毛材料盡量不擠壓，使用密封袋分裝分色保存。羊毛氈作品盡量維持乾燥，再以密封袋或盒子收藏，若擔心灰塵沾黏，可用軟毛刷輕輕拍除即可。

Q 為什麼羊毛氈不用接著劑就可「一體成型」？

羊毛有著柔軟與強韌的雙重特質，纖維結構可以緊密糾結，所以不需要接著劑來協助，也不用藉由針織或縫製等加工處理就可以接著，只要懂得運用濕氈或針氈的基本氈化步驟，就可以完成一體成型的作品。

Q 針氈與濕氈有什麼不一樣？

針氈是利用特殊工具將羊毛纖維互相糾結，達到氈化作用，可以變化出各種形體，因此也有「軟雕塑」之稱。濕氈是利用水和皂劑，結合搓揉、加壓等方式讓羊毛纖維慢慢氈化成一體。整體來說兩者只是施作方式不同而已。

Q 針氈和濕氈可以結合嗎？

當然可以。針氈和濕氈雖然各有不同的製作過程，但相互搭配製作可使作品更加多元豐富。不過要特別注意，溼氈作品必須在乾燥後再使用戳針，以免戳針遇水而生鏽。

Wool Felt

Q 哪一種「戳針」最好用？

每一種戳針均有獨特用途及效果，基本上建議初學者先從單針
開始練習，多針組適合技法手感熟練後要加快速度時使用。戳
針和工作墊相同，都屬消耗品。

Q 所有羊毛都可以用來製作針氈嗎？

各款羊毛皆可作為針氈使用的素材，只是呈現質感有所不同。
此外，目前像是貓毛、狗毛等其他動物毛，陸續成為針氈的另
一種選擇，越來越受到歡迎，建議手作者有機會的話，盡量多
多嘗試運用。

Q 針氈作品髒了怎麼辦？可以用水洗嗎？

針氈作品表面沾上灰塵髒汙時，可用軟毛刷拍除或濕紙巾輕輕
擦拭。一般來說，為了避免針氈作品因為氈化度不足而導致細
節扭曲或產生變形，因此不建議直接水洗，可使用重新補毛方
式將髒汙處做覆蓋。

Q 如何解決針氈作品表面毛躁問題？

將細針以30～45度打斜，在作品表面用淺針戳刺，等到氈化度達一定程度後，再用剪刀將雜毛修除，然後用熨斗以中溫在作品表面加壓整平。

Q Maru最常用什麼方法結合羊毛氈和複合媒材？

首先必須了解所使用的媒材特性和質地，再決定與羊毛氈作品結合的最佳方式。若是特殊材質，建議局部試驗後再進行，舉例來說，木質、金屬、塑膠、玻璃……等類材質，可以選用「保麗龍膠」做接合；而布類、珠子……等可入針的素材，則可以選用「一般針線」做接合；此外，羊毛與一般布類的結合，可以直接用「戳針」做接合。

Q 請問Maru 的作品靈感來源？

從自己喜歡的人事物出發，生活中和旅行時的觀察很重要，喜怒哀樂、悲歡離合，都是Maru喜歡拿來呈現的題材。平時也會用手繪或文字紀錄下感動的一切，必要時就會是創作品獨一無二的靈感來源，只有從自己的「感動」開始，才會讓作品自己說故事，進而打動閱讀作品的人！

手作材料採買散步地圖
Shopping Map

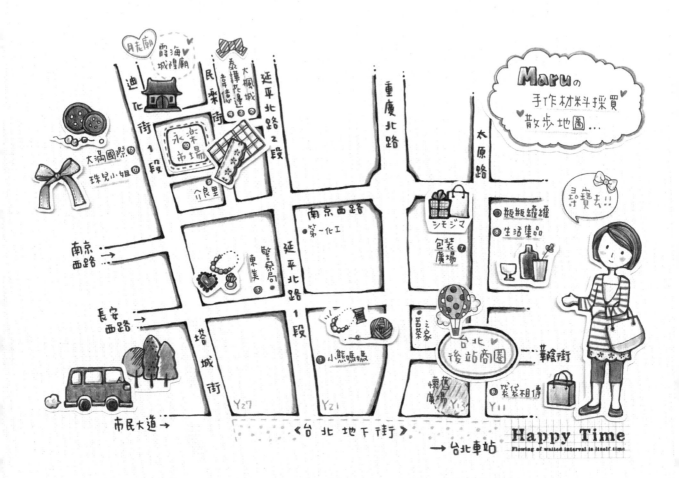

材料購買資訊
Information

Maru自從在部落格分享手作和教學活動後，經常被問到「手作配件都到哪選購呢？台灣哪些地方可以找到優質的配件？」在此，Maru特別整理了一些自己時常光顧的實體和網路店家，提供給喜愛手作的朋友們參考，希望大家都能找到自己喜歡的手作素材。

實體店鋪

❶小熊媽媽

〔各類手作材料〕

🏠台北市延平北路1段51號（02）2550-8899

◎週一～週日 9：00～21：30

❷大楓城飾品材料行

〔五金配件、彩珠鈕扣、水晶半寶石〕

🏠台北市延平北路2段60巷11號（02）2559-5757

◎週一～週六9：30～18：30

❸泰譁花邊有限公司

〔花邊、織帶、蕾絲〕

🏠台北市延平北路2段60巷15號（02）2559-1689

◎週一～週六9：00～19：00

❹韋億興業有限公司

〔花邊花片、五金配件鈕扣〕

🏠台北市延平北路2段60巷19號（02）2558-7887

◎週一～週六9：00～18：30

❺東美飾品材料行

〔五金配件、彩珠鍊繩〕

🏠台北市長安西路235號（02）2558-8437

◎週一～週六9：00～18：00

❻袋袋相傳

〔包裝材料〕

🏠台北市太原路11-6號（02）2556-1551

◎週一～週五9：00～20：00 ，假日10：00～17：30

❼包裝廣場

〔包裝材料〕

🏠台北市太原路80號（02）2559-6255

◎週一～週六10：00～19：00

❽生活集品

〔烘焙用品、包裝材料〕

🏠台北市太原路89號（02）2559-0895

◎週一～週五8：30～19：30，假日8：30～18：30

❾介良里布行

〔各式布類、鈕扣配飾〕

🏠台北市民樂街11號（02）2558-0718

◎週一～週六10：00～18：30

❿永樂市場

〔各式布類專賣店〕

🏠台北市迪化街1段21號2樓

◎週一～週六9：30～18：30

⓫珠兒小姐

〔珠飾配件、手作材料〕

🏠台北市迪化街1段34-1號（02）2559-6970

◎週二～週六9：00～18：00

⓬大滿國際時尚

〔服裝配件、蕾絲鈕扣〕

🏠台北市迪化街1段36號（02）2559-6161

◎週一～週六9：00～18：00 ，每月第2、4週六公休

其他：

緞帶專賣店〔緞帶蕾絲〕

🏠台北市萬華區艋舺大道188號（02）2302-3968

◎週二～週六11：30～21：00，週日11：30～18：00

陶趣家馬賽克DIY工坊〔馬賽克、蝶谷巴特、陶瓷、木工製品〕

🏠新北市鶯歌區尖山埔路55巷6號（02）2677-2709

◎平日須事先預約，假日10：00～18：00

網路商店

❶ 羊毛氈手創館

羊毛氈相關素材工具

www.feltmaking.com.tw/shop

❷ 玩9創意

手作飾品材料

www.0909.com.tw

❸ 七三式精品公社

不織布、各式毛絨、手作用布

tw.user.bid.yahoo.com/tw/booth/Y6922682515

❹ 素敵手作

手作材料、雜貨小物

http://tw.user.bid.yahoo.com/tw/booth/
Y3549533581

❺ 手主意

鈕扣配飾

tw.user.bid.yahoo.com/tw/user/
Y5167068519?u=Y5167068519

❻ 簡單心意手作素材坊

緞帶、鈕扣配飾

tw.user.bid.yahoo.com/tw/booth/Y8618908379

❼ 巧媽咪手作雜貨

緞帶、鈕扣配飾、生活雜貨

tw.user.bid.yahoo.com/tw/booth/Y6053547018

❽ Mandy手作

手作飾品材料

tw.user.bid.yahoo.com/tw/booth/Y6284525141

❾ 妮子幸福手作

手作飾品材料

tw.user.bid.yahoo.com/tw/booth/Y7739037680

❿ 紡織娘毛線超市

各式毛線

tw.user.bid.yahoo.com/tw/booth/Y8776063925

⓬ 天愛包裝屋

包裝材料

tw.user.bid.yahoo.com/tw/booth/Y2221720291

⓭ 瑪姬袖珍材料館

袖珍配件、手作材料

www.minihouse.tw/home

白雪公主 ⊕ 版型

《娃娃臉》3×3cm（真實比例）

臉 3cm

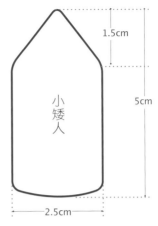

小矮人

1.5cm

5cm

2.5cm

灰姑娘 ⊕ 版型

《淑女帽》•大圓／帽緣 5cm
•小圓／帽緣 3cm

（真實比例）

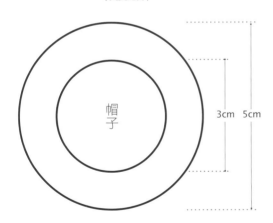

帽子 3cm 5cm

上衣

10cm

裙子

20cm

《洋裝》•裙子 20×8cm
•上衣 10×5cm

（請將圖放大1倍使用）

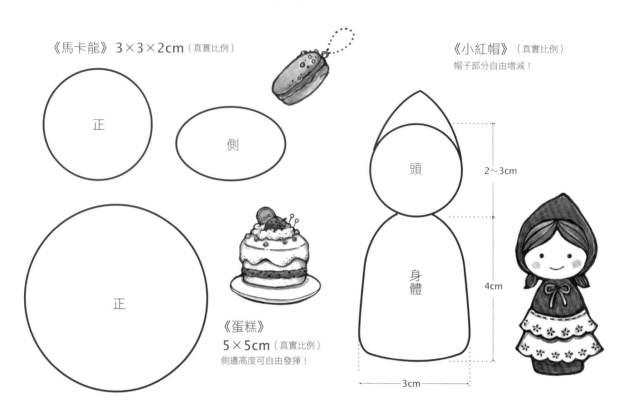

《馬卡龍》 3×3×2cm（真實比例）

正

側

正

《蛋糕》
5×5cm（真實比例）
側邊高度可自由發揮！

《小紅帽》（真實比例）
帽子部分自由增減！

頭

身體

2～3cm

4cm

3cm

天鵝湖⊕版型

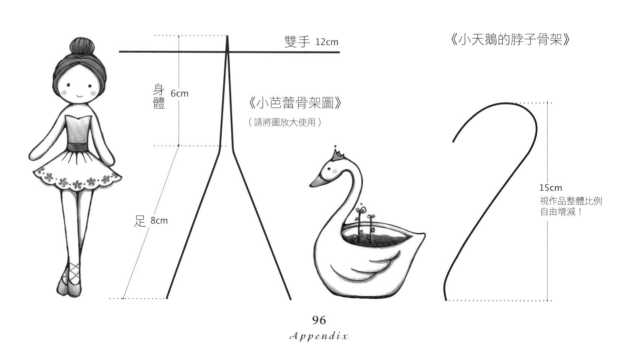

身體 6cm

足 8cm

雙手 12cm

《小芭蕾骨架圖》
（請將圖放大使用）

《小天鵝的脖子骨架》

15cm
視作品整體比例
自由增減！

《人魚娃娃》
（請將圖放大使用）

17cm

人魚偶全身

7cm

臉
6×6cm
（請將圖放大使用）

《泡泡魚》 4.5×4.5cm（真實比例）

身體

尾巴

5cm

貝殼
（真實比例）

5cm

本書使用的四種手縫法

平針縫

- 疏密平均，線條整齊為佳，是最基本的手縫方式。
- 可以將布料或蕾絲緞帶等複合素材拉出皺摺感，方便結合在羊毛氈作品上。

本書範例 帽子線條裝飾、洋裝蕾絲接合、小紅帽裙子接合等。

回針縫

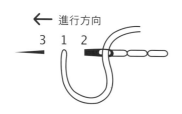

- 一面虛線一面實線，紮實牢固性高，不易鬆脫的手縫方式，能充分表現各式圖樣中的線條。
- 可以結合繡線豐富的色彩，運用在平面作品的圖案邊框，娃娃臉部表情，或者是其他線條點綴，讓羊毛氈作品呈現不同的層次感。

本書範例 小魚邊框和魚尾裝飾、人魚雙手和嘴巴、娃娃嘴巴等。

毛邊縫

- 毛毯收邊裝飾的手縫方式，可以運用在平面和立體作品上。
- 一般是將兩塊布片對齊縫合，除了加強作品牢固性，也可以美化作品不整齊的邊緣。另外也可依照個人喜好選用毛線或其他軟性線材，提高作品的完整度。

本書範例 人魚娃娃塞入棉花後的縫合。

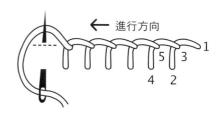

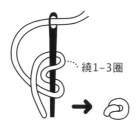

結粒繡

- 刺繡工藝中，利用打結成粒狀的一種裝飾方式。
- 可以運用在羊毛氈動物或人物的眼睛，蔬果或甜點的表面質感裝飾。

本書範例 蛋糕餡料裝飾、小天鵝眼睛等。

Notes

Maru的
經典童話羊毛氈

變身最可愛、最實用、最與眾不同的生活雜貨！

國家圖書館出版品預行編目（CIP）資料

Maru的經典童話羊毛氈：變身最可愛、最實用、最與眾不同的生活雜貨! / Maru著. -- 初版. -- 臺北市：積木文化出版：家庭傳媒城邦分公司發行, 民103.03
104面； 19×24公分
ISBN 978-986-5865-47-4（平裝）

1.手工藝
426.7   103001134

作　　者／黃淑郁
攝　　影／廖家威

總 編 輯／王秀婷
主　　編／洪淑暖
特約編輯／葉益青
版　　權／向艷宇
行銷業務／黃明雪、陳志峰

發 行 人／涂玉雲
出　　版／積木文化
　　　　　104台北市民生東路二段141號5樓
　　　　　官方部落格：cubepress.com.tw
　　　　　電話：（02）2500-7696　傳真：（02）2500-1953
　　　　　讀者服務信箱：service_cube@hmg.com.tw

發　　行／英屬蓋曼群島商家庭傳媒股份有限公司城邦分公司
　　　　　台北市民生東路二段141號2樓
　　　　　讀者服務專線：（02）25007718-9　24小時傳真專線：（02）25001990-1
　　　　　服務時間：週一至週五上午09:30-12:00、下午13:30-17:00
　　　　　郵撥：19863813　　戶名：書虫股份有限公司
　　　　　網站：城邦讀書花園www.cite.com.tw

香港發行所／城邦（香港）出版集團有限公司
　　　　　香港灣仔駱克道193號東超商業中心1樓
　　　　　電話：852-25086231　傳真：852-25789337

馬新發行所／城邦（馬新）出版集團
　　　　　Cite (M) Sdn Bhd
　　　　　41, Jalan Radin Anum, Bandar Baru Sri Petaling,
　　　　　57000 Kuala Lumpur, Malaysia.
　　　　　電話：603- 90578822　傳真：603- 90576622

美術設計／曲文瑩
製版印刷／凱林彩印股份有限公司

2014年（民103）3月4日 初版1刷

城邦讀書花園
www.cite.com.tw

Printed in Taiwan

廣告回函
台灣北區郵政管理局登記證
台北廣字第000791號
免貼郵票

積木文化

104 台北市民生東路二段141號2樓

英屬蓋曼群島商家庭傳媒股份有限公司 城邦分公司

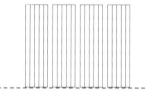

請沿虛線對摺裝訂，謝謝！

部落格	**CubeBlog**
	cubepress.com.tw
臉　書	**CubeZests**
	facebook.com/CubeZests
電子書	**CubeBooks**
	cubepress.com.tw/books

積木生活實驗室

部落格、facebook、手機app
隨時隨地，無時無刻。

積木文化　讀者回函卡

積木以創建生活美學、為生活注入鮮活能量為主要出版精神。出版內容及形式著重文化和視覺交融的豐富性，出版品項囊括健康與心靈、占星研究、藝術設計、時尚文化、珍藏鑑賞、品飲食譜、手工藝、繪畫學習等主題，由於您參加本書抽獎活動，請您填寫本卡寄回（免付郵資），我們將不定期寄上最新的出版與活動資訊，並於每季抽出二名完整填寫回函的幸運讀者，致贈積木好書一冊。

1. 購買書名：＿＿＿＿＿＿＿＿＿＿＿＿＿＿＿＿＿＿＿＿＿＿＿＿＿＿＿＿＿＿

2. 購買地點：
   □書店，店名：＿＿＿＿＿＿＿＿＿＿＿＿＿＿，地點：＿＿＿＿＿＿＿縣市　□書展　□郵購
   □網路書店，店名：＿＿＿＿＿＿＿＿＿＿＿＿　□其他＿＿＿＿＿＿＿＿＿

3. 您從何處得知本書出版？
   □書店　□報紙雜誌　□DM書訊　□廣播電視　□朋友　□網路書訊　□其他＿＿＿＿＿＿＿＿＿＿

4. 您對本書的評價（請填代號　1非常滿意　2滿意　3尚可　4再改進）
   書名＿＿＿＿＿　內容＿＿＿＿＿　封面設計＿＿＿＿＿　版面編排＿＿＿＿　實用性＿＿

5. 您購買本書的主要原因（可複選）：□主題　□設計　□內容　□有實際需求　□收藏
   □其他＿＿＿＿＿＿＿＿＿＿＿＿＿＿＿＿＿＿＿＿＿＿＿＿

6. 您購書時的主要考量因素：（請依偏好程度填入代號1～7）
   □作者　□主題　□口碑　□出版社　□價格　□實用　□其他＿＿＿＿＿＿＿＿＿＿＿＿＿＿

7. 您習慣以何種方式購書？□書店　□劃撥　□書展　□網路書店　□量販店　□其他＿＿＿＿＿＿

8. 您偏好的叢書主題：
   □品飲（酒、茶、咖啡）　□料理食譜　□藝術設計　□時尚流行　□健康養生
   □繪畫學習　□手工藝創作　□蒐藏鑑賞　□建築　□科普語文　□其他＿＿＿＿＿＿＿＿＿＿

9. 您對我們的建議：
   ＿＿
   ＿＿

10. 讀者資料
   ‧姓名：＿＿＿＿＿＿＿＿　‧性別：□男　□女　‧電子信箱：＿＿＿＿＿＿＿＿＿＿＿＿＿＿
   ‧收件地址：＿＿＿＿＿＿＿＿＿＿＿＿＿＿＿＿＿＿＿＿＿＿＿＿＿＿＿＿＿＿＿＿＿＿＿
   （請務必詳細填寫以上資料，以確保您參與活動中獎權益！如因資料錯誤導致無法通知，視同放棄中獎權益。）

   ‧居住地：□北部　□中部　□南部　□東部　□離島　□國外地區
   ‧年齡：□15歲以下　□15~20歲　□20~30歲　□30-40歲　□40-50歲　□50歲以上
   ‧教育程度：□碩士及以上　□大專　□高中　□國中及以下
   ‧職業：□學生　□軍警　□公教　□資訊業　□金融業　□大眾傳播　□服務業
   　　　□自由業　□銷售業　□製造業　□家管　□其他＿＿＿＿＿＿＿＿＿＿＿＿＿＿＿＿＿
   ‧月收入：□20,000以下　□20,000-40,000　□40,000-60,000　□60,000-80,000　□80,000以上
   ‧是否願意持續收到積木的新書與活動訊息：□是　□否

我已經完全瞭解上述內容，並同意本人資料依上述範圍內使用。

＿＿＿＿＿＿＿＿＿＿＿＿＿＿＿＿＿＿　（簽名）